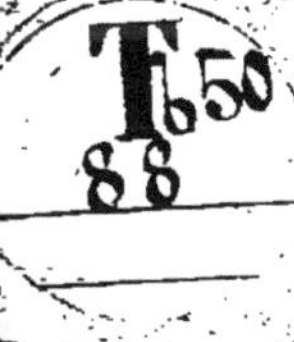

EN VENTE CHEZ LES PRINCIPAUX LIBRAIRES DE PARIS,
ET CHEZ L'AUTEUR, RUE SAINT-MARTIN, 90. PARIS (AFFR.)

DÉCOUVERTE
PHYSIOLOGIQUE

OU

RECHERCHES ENTIÈREMENT NEUVES SUR LES CENTRES NERVEUX ET EN PARTICULIER SUR CEUX DES

FACULTÉS INTELLECTUELLES,

Où il est démontré jusqu'à l'évidence, qu'elles n'ont point de centre unique (cerveau), et ne sont que le résultat des houppes nerveuses sensitives mises en contact avec les divers agents de la nature (*moteurs*).

> Si l'univers avait un centre unique,
> Dieu n'en serait que le moteur et non l'auteur.

EXTRAIT DE LA 3e PARTIE (*Percepta*) FAISANT SUITE AU *Codex aux Gens du monde*, ET A LA 1re PARTIE DU *Traité médical et physiologique*, DÉDIÉ A MES CONFRÈRES, QUI M'AIDERONT A LE RÉPANDRE ET A LE PROPAGER, AUX GÉNÉREUX PHILANTHROPES, ET EN PARTICULIER

AU PRINCE LOUIS-NAPOLÉON BONAPARTE.

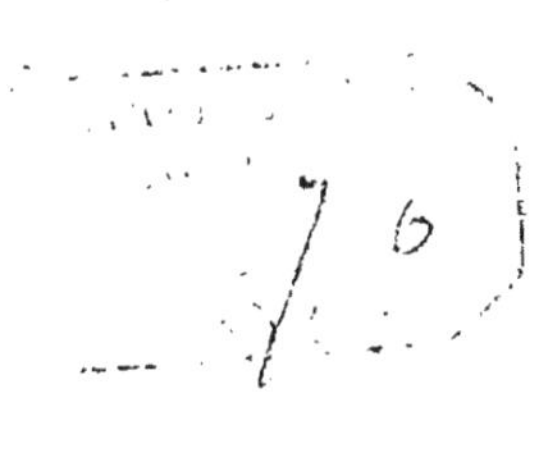

PAR M. P. BASSAGET,

ET PLUSIEURS DE SES CONFRÈRES, DOCTEURS EN MÉDECINE,

Rue Saint-Martin, 90, à Paris.

LES LETTRES NON AFFRANCHIES SONT RIGOUREUSEMENT REFUSÉES.

Tout exemplaire qui ne sera pas revêtu de ma griffe, sera poursuivi comme contrefaçon.

Comme l'auteur de ce livre se dit avoir pour moteurs des sensations et des impressions les divers agents de la nature, il n'oublie pas ceux que les philosophes de notre siècle peuvent lui faire surgir, et il se met à leur merci.

Il attend et désire, en mettant sous presse, non des éloges de la part de ceux qui liront cet opuscule, mais que leurs sincères réflexions lui soient transmises et exprimées de bonne foi, en demandant l'ouvrage.

(Voir le *Traité médical et physiologique; avis précis sur l'état chronique morbide*, ou Recherches entièrement neuves sur les maux invétérés, tels que : 1° Gastrite, Gastro-entérite; 2° Cancer de *l'estomac*, Squirre du *cardia*, du *pylore*, des intestins; 3° Hémorrhoïdes; 4° *Laryngites*, Bronchites aiguës et chroniques, Catarrhe suffocant, Coqueluche, etc.; 5° Hémoptysie, ou Hémorrhagie des voies aériennes; 6° Apoplexie pulmonaire, Pneumonie, Fluxion de poitrine, Asthme, Phthisie pulmonaire, Pleurésie, etc.; 7° Chlorose, dite pâles couleurs, Scrofules, dites aussi écrouelles; 9° Dartres, Erythèmes; 10° Gale, ou éruptions essentiellement contagieuses (Scabies); 11° Rhumatismes, Goutte, etc.)

RECHERCHES PHYSIOLOGIQUES

SUR LES

FACULTÉS INTELLECTUELLES.

Nous croyons indispensable de donner au lecteur les circonstances qui ont amené l'idée de cette découverte.

Notre attention fut éveillée bien des fois sur les fonctions du cerveau et des centres nerveux. Nous avons consulté beaucoup d'ouvrages qui traitent spécialement de l'encéphale et des systèmes nerveux; aucun ne put nous renseigner, nous éclairer sur ce qu'on appelle facultés intellectuelles. Nous avons beaucoup lu d'ouvrages de phrénologie d'après le système de *Gall* et, entre autres, ses disciples *Spurzheim*, *George Combe*, *Broussais*, *Faussati*, etc., etc., l'ouvrage de *Lavater* et autres sur la physionomie; aucune de ces doctrines n'avait pu nous satisfaire, nous motiver par quel ordre s'exécutaient ces facultés.

Nous avions plusieurs fois assisté à des démonstrations anatomiques du cerveau, où l'on expliquait d'une manière assez claire sa structure, sa forme, son volume, son développement, et rien de tout cet organisme ne nous donnait la conviction que les *facultés intellectuelles* avaient un centre unique (*cerveau*), pas le moindre indice ne pouvait nous le faire soupçonner.

Ébranlé dans l'opinion que nous nous étions trop promptement faite sur la *phrénologie*, après avoir ainsi suivi les leçons, les cours des savants de cette doctrine, nous reconnûmes bientôt que ce système était entièrement faux, que les facultés n'avaient nullement leur siége dans le cerveau, ni dans aucun centre de l'économie, qu'elles n'étaient que le résultat des *sens* ou des *houppes nerveuses* en contact avec les divers agents extérieurs; et, après une observation consciencieuse de la nature elle-même, nous restâmes intimement convaincu qu'il n'existait dans le cerveau et dans les circonvolutions aucune trace et encore moins un centre unique (*sensorium commune*) des facultés intellectuelles.

Cependant, nous disions-nous : Il y a des organes des sens, un système nerveux, sensitif; ils sont patents, nul ne peut les nier; et, jetant alors un regard sur le visage humain, cette forme élégante considérée comme un des principaux caractères de l'homme, nous nous écriions émerveillé, et nous demandant toujours les fonctions du cerveau comme nous l'avions fait. En consultant tous les livres ainsi que tous nos confrères, nous finîmes par être un jour bien convaincus que le cerveau n'étant pas sensible ne pouvait, par conséquent, être le siége d'aucune pensée, mais seulement l'appareil secréteur du fluide nerveux ; que les nerfs seuls sensitifs étaient susceptibles d'accomplir toutes ces fonctions, et, par conséquent, des sensations, des impressions étonnamment multipliées ; et, passant en revue le siége de l'*odorat*, de la *vue*, de l'*ouïe*, du *goût*, du *toucher*, du *tact*, etc., en un mot, tout l'appareil nerveux, tant sensitif que celui de la vie animale et organique, il n'y eut plus de doute pour nous, alors, que des jeux innombrables que les houppes nerveuses sensitives peuvent exécuter sur le visage de l'homme, résultait ce type prodigieux, caractéristique des *facultés intellectuelles*. Mais, disions-nous encore une fois, les lettres forment des mots, les mots des ouvrages pour toutes les industries, pour toutes les sciences, il ne s'agit que de savoir les assembler, les exprimer. Les sens de l'homme, sa physionomie parlante ressemblent à ces caractères, et, par leur combinaison intime, forment cette perfectibilité d'intelligence ; si la nature eût voulu placer d'autres facultés ailleurs ou dans le cerveau, elle aurait au moins laissé une ouverture, comme elle l'a fait pour les yeux, le nez, les oreilles, la bouche, etc. ; mais non, l'homme a une figure et des mains, son intelligence n'est pas cachée ; il ne s'agit que d'avoir des yeux pour la percevoir.

RECHERCHES

SUR LES FONCTIONS PHYSIOLOGIQUES DES CENTRES NERVEUX ET DES FACULTÉS INTELLECTUELLES EN PARTICULIER.

Il existe dans l'économie plusieurs systèmes nerveux, bien distincts les uns des autres. Tous les auteurs ont erré en vaines théories en voulant leur donner un centre unique (*cerveau*). Une ancienne théorie faisait considérer les nerfs des ganglions (ou *grand sympathique*) comme autant de petits cerveaux. Bichat s'en empara et en fit le principal fondement de sa doctrine des deux vies , ou des deux systèmes nerveux décrits par lui, bien distincts avec raison l'un de l'autre, mais mal définis puisqu'il suppose un des deux systèmes ayant pour centre le cerveau, qu'il appela vie animale, l'autre vie organique, assimilatrice, viscérale, etc.

Telle est la doctrine de Bichat, qui fait faire cependant le plus grand progrès à la science médicale, mais incomplète, comme nous venons de le dire, quoique développée avec un art extrême, présentée sous toutes les formes, et appuyée sur les raisonnements les plus spécieux.

De ces deux systèmes nerveux qu'il décrit isolément, entièrement indépendants l'un de l'autre; celui de la vie organique (*grand sympathique*) ne laisse rien à désirer, séduit l'esprit, frappe l'imagination, ne peut être démenti par aucune théorie, par aucun fait. Nous nous entretiendrons d'abord du système nerveux de la vie organique, démontré jusqu'à l'évidence par Bichat, bien indépendant de ce qu'on appelle centre unique (1). Ce système nerveux nous servira de base pour démontrer à notre tour que celui de la vie animale (*force locomotrice*), ainsi que celui de relation (*ou sensitif*) appartiennent également à un système nerveux ganglionnaire, semblables à celui de la vie organique, complètement indépendants les uns des autres; mais sympathiques seulement. Il résulte des expériences de Bichat, que son système nerveux de la vie organique ou ganglionnaire (*grand sympathique*) ne prend pas naissance, comme on l'a prétendu et comme le prétendent encore quelques-uns, de la moelle épinière, elle en reçoit au contraire des anastomoses comme des nerfs de la vie sensitive, et il a pour caractère particulier de mettre chacune des parties auxquelles il envoie des nerfs, sous l'influence immédiate de toute sa puissance nerveuse, d'établir une connexion plus intime, une liaison plus étroite entre les appareils remplissant les importantes fonctions organiques. (V. le *Traité médical et physiologique*, page 123).

Comme on le voit, ce système nerveux ganglionnaire est complètement indépendant de celui de la vie animale et ce dernier de la vie sensitive, si ce n'est qu'ils reçoivent des anastomoses nerveuses, des communications sympathiques, des influences réciproques; ce qui fait que nous pouvons démontrer leur identique distinction dans leurs fonctions spéciales. Tous les physiologistes jusqu'à nous, ont regardé la masse encéphalique (*cerveau*) comme le ganglion commun des nerfs en général, comme le foyer, le centre commun, non-seulement des diverses fonctions organiques et animales, mais encore le siége des facultés intellectuelles

Cette opinion ne peut plus être admissible maintenant. Une observation attentive nous prouve d'une manière irrécusable que les nerfs qui se détachent de la base de l'encéphale, venant des ganglions de la partie supérieure de la moelle épinière (*moelle alongée*), ont une origine parfaitement distincte, comme ceux des ganglions de la vie organique (*grand sympathique*), ils ont tous des ganglions anastomotiques formant une chaîne parfaitement semblable à celle du grand

(1) V. *Cerveau*, page 73, *Traité physiologique.*

sympathique, n'ayant ni commencement ni fin, toujours par anastomose, mais rien de plus.

Ainsi la masse encéphalique, le cerveau proprement dit, n'est qu'un ensemble de ganglions ; la moelle épinière (*rachis*) évidemment aussi un ensemble de ganglions situés dans le canal vertébral par paires, c'est-à-dire un droit et un gauche dans chaque vertèbre, remarquables par leur renflement, mais de plus en plus espacés à mesure qu'ils s'éloignent du cerveau, se communiquant tous entre eux par une substance plus ou moins nerveuse, et se terminant, comme on le sait, par la queue de cheval. Ces ganglions ont toujours, comme de raison, une épaisseur proportionnée à celle des nerfs qui en émanent et à la fonction qu'ils sont appelés à remplir. Mais poursuivons notre système nerveux de la vie animale et celui de relation.

Comment a-t-on pu supposer une origine unique aux nerfs ? N'est-ce pas, en vérité, une métaphore qui signifie la partie d'un nerf la plus voisine d'un autre ou d'un gânglion, sans qu'on puisse en réalité lui trouver ni origine, ni centre unique proprement dit, ni commencement, ni fin ?

Des anatomistes distingués ont cru un peu trop légèrement que l'encéphale était principalement formé par l'entre croisement de ses extrémités nerveuses. D'autres encore ont supposé, et c'est le plus grand nombre, que la moelle épinière n'était qu'un prolongement du cerveau ; et de là l'erreur, toujours la même, de vouloir faire découler tous les nerfs d'un centre unique, de la substance même du cerveau. Beaucoup d'anatomistes maintenant savent que le cervelet ne fournit aucun nerf, et il en est d'autres qui ne doutent plus qu'il n'en existe pas autrement du cerveau. Nous ajouterons même que, non-seulement ils ne fournissent ni l'un ni l'autre aucun nerf, mais qu'ils en reçoivent des trois systèmes nerveux : 1° De la vie organique pour accomplir leurs fonctions (*fluide nerveux*) ; 2° Bien peu de la vie animale (*vie encéphalique*) ; 3° Encore bien moins de la vie sensitive, et c'est ce qui fait que le cerveau n'étant pas ou à peine sensible, il ne peut penser, il ne peut être le siége des facultés intellectuelles.

Gall et ses disciples ont commis l'erreur de faire partir tous les nerfs de la moelle épinière. Selon nous, il ne part des ganglions de la moelle épinière que les nerfs de la vie animale, ceux de la vie sensitive ont des ganglions particuliers bien connus des anatomistes et que nous ne décrirons pas ici, non plus que les nerfs qui leur sont propres, et dont les uns sont situés à la base du crâne, les autres aux trous de conjugaison des vertèbres, etc., etc.

Mais en parlant des nerfs de la vie animale, observons que les ganglions de l'extrémité supérieure de la moelle épinière (*moelle alongée*), appartiennent tous à des fonctions spécialement animales et locomotrices des organes des sens ; que les nerfs des ganglions qui compliquent tout le reste de la longueur de la moelle épinière, au-dessous de la moelle alongée, appartiennent tous également à des fonctions spécialement animales (*force motrice*) ; tandis que les fonctions spécialement sensitives de l'*olfaction*, de la *vision*, de *l'audition*, de la *dégustation*, etc., enfin de tout ce qui est susceptible dans l'organisme de sensations et d'impressions, compliquent un système nerveux également ganglionnaire, tout semblable à ceux qui font l'objet de notre entretien, et que nous démontrons comme étant le seul sensitif et, par conséquent, le foyer des facultés intellectuelles.

Pour éviter toute confusion d'idées et de définitions de tous les auteurs, nous poserons des limites plus marquées ; nous appellerons cerveau les masses qui se séparent et ne font point partie des ganglions et des nerfs de la vie sensitive et animale. Le *cerveau* proprement dit est la masse située à la partie supérieure et antérieure du crâne, considéré par nous comme le foyer principal du fluide nerveux des ganglions et des nerfs de la vie sensitive (*facultés intellectuelles*) ; le *cervelet*, la masse située à la partie postérieure et occipitale du crâne, est le foyer principal des sécrétions ganglionnaires et des nerfs spinaux (*vie animale*) (1). Ces masses, surajoutées (*cerveau*, *cervelet*) aux systèmes nerveux, sont donc chargées de fonctions particulières décrites ci-dessus, comme chacun des *centres* ganglionnaires, c'est-à-dire d'élaborer un fluide spécial, transmis préalablement par le cerveau ou le cervelet aux nerfs, et le rendre propre enfin aux fonctions diverses que la multiplicité des nerfs doit remplir. Comme on le voit, la connaissance anatomique du cerveau a marché lentement ; il est vrai que ces parties sont si délicates, si difficiles à examiner, que la dissection en a toujours été défectueuse. En effet, les anatomistes opérant tantôt par des coupes horizontales, verticales ou obliques, par en haut ou par en bas, d'autres fois en enlevant successivement des tranches de cet organe, détruisaient ainsi les connexions des différentes parties qui le composent, et, procédant ainsi sans égard pour l'ordre, peu indiqué, il est vrai, dans lequel les parties se suivent naturellement, ils ne pouvaient acquérir par de semblables moyens de vrais principes physiologiques, ni conduire à la connais-

(1) V. la 1re partie du *Traité médical et physiologique*, p. 72.

sance exacte des ganglions divers qui compliquent l'ensemble du cerveau de l'homme; de là l'erreur, sans raison aucune, de vouloir trouver un centre unique des systèmes nerveux, et surtout des facultés intellectuelles. Ainsi on avait observé que les fibres de chaque nerf devaient leur origine et leur renforcement à la substance ganglionnaire; on n'ignorait pas non plus précisément par quel ordre se confondait chacun des nerfs dans son ganglion propre; mais la spéciale fonction que chaque centre ganglionnaire et nerveux doit remplir en particulier, n'était qu'une confusion, qu'un embarras inextricable, un composé de systèmes et de théories plus ou moins séduisantes et spécieuses et sans le moindre appui de la vérité. On n'avait cependant pas négligé le mode de perfectionnement graduel des animaux, où l'on pouvait, d'après cela, se faire une idée de l'ordre, des conditions matérielles, des qualités qui peuvent être progressivement surajoutées ou diminuées de chaque espèce d'intelligence. Grand nombre de systèmes avaient été émis, tels que l'angle de Camper, les circonvolutions et les bosses crânioscopiques de Gall, les idées physionomiques ou physiognomoniques de Lavater, etc., etc. Toutes ces observations, ces différences dans cette immense échelle d'intelligence, toutes ces inspections de perfections et d'imperfections, ces complications, ces vérifications faites sur des milliers de cerveaux, rien de la part de ces grands physiologistes n'a pu leur ôter cette idée fixe et primitivement conçue ainsi par eux, et depuis le premier philosophe du monde, rien n'a pu les faire dévier du point unique central des facultés intellectuelles (*cerveau*); aucun n'a voulu croire, pas même voulu supposer, que chaque nerf correspondant à un foyer ganglionnaire organique, animal ou sensitif, recueillait de chacun d'eux, au moyen de son élaboration particulière, ses fonctions remarquablement et spécialement différentes les unes des autres; rien n'a pu enfin, dans un centre unique, et c'était contre la raison et l'ordre de la nature, qui ne reconnaît pas de centre unique dans l'univers, rien n'a pu leur fournir des moyens d'expliquer les fonctions organiques et animales, et encore moins le centre des facultés intellectuelles!

Maintenant, est-il nécessaire d'exprimer l'importance de la connaissance des centres des trois systèmes nerveux, et le progrès qu'ils feront faire à l'art médical, encore dans l'enfance.

Les problèmes seront donc à l'avenir plus faciles à résoudre, non-seulement en physiologie, en fonctions exactes des appareils et des organes en particulier recevant plus ou moins des nerfs de la vie organique, animale et sensitive dans l'état normal; mais encore, aux phénomènes inexplicables par les anciennes théories dans le grand nombre des diverses maladies. Ce que nous disons des maladies, nous pouvons le dire aussi des moyens thérapeutiques que l'on emploie pour les combattre, moyens aujourd'hui insuffisants, inexacts, rarement indiqués, souvent inutiles et même nuisibles. Telle est la position actuelle de la science médicale, telle est ma profession de foi.

PERCEPTIONS

PHYSIOLOGIQUES ET SYMPATHIQUES DES SENSATIONS, DES IMPRESSIONS, DE LA MÉMOIRE, ETC., ET DE L'HARMONIE DU JUGEMENT, ETC.

Perceptions.

Sous ce titre, nous comprendrons toutes les sensations et impressions qui entretiennent la vie de relation, c'est-à-dire les organes où se fixent les idées, où elles se conservent par mémoire, se combinent, forment par sympathie le jugement, par harmonie le raisonnement, agrandissent, créent des idées, enfin, ce que l'on appelle imagination.

Ce tableau constitue la partie de la matière de l'hygiène la plus importante, et c'est aussi le sujet principal qui doit être regardé comme faisant tout le mérite de mes labeurs et de ma découverte physiologique sur les centres nerveux.

Ainsi, nous définissons par le mot *percepta*, toutes impressions reçues par les sens, et, en général, tout ce qui dépend des nerfs de la vie de relation ou sensitive; ces sensations elles-mêmes, ces impressions, font naître, avons-nous dit, par sympathie, le jugement, et, par harmonie, le raisonnement, et ainsi s'opère l'intelligence, ces idées infiniment combinées.

Les affections, les passions et les volontés auxquelles ces idées et ces jugements donnent naissance, sont la conséquence normale de la sensibilité nerveuse.

C'est donc de la force active des sensations et des impressions reçues par les organes des sens, c'est-à-dire, des houppes nerveuses sensitives, que résulte par sympathie et par harmonie du système nerveux de la vie de relation ou sensitif, les facultés intellectuelles (Voir 1re partie, pages 8, 9.)

Des sens et de leurs perceptions physiologiques.

Les sens sont des appareils, avons-nous dit (1re partie, page 91), composés d'organes disposés à la surface du corps pour recevoir les sensations et les impressions des objets (*moteurs*) placés hors de nous, de manière à nous en donner le sentiment et à nous en faciliter la connaissance.

Nous diviserons les *sens* en toucher spécial et en toucher universel (Voir plus loin, page 16, où je démontre le premier, et comme une conséquence de ma découverte physiologique, ce qu'on doit distinguer du toucher et du tact).

On compte vulgairement cinq sens. Trois qui reçoivent immédiatement les impressions des corps et sont: 1° le *toucher*, qui nous fait connaître la résistance, la consistance et la force des objets; 2° le *goût*, qui nous en fait connaître les saveurs; 3° l'*odorat*, qui nous fait sentir les parties odorantes qui en émanent, etc. Les deux autres nous font connaître les corps placés à de grandes distances de nous, par l'intermédiaire du son et par l'intermédiaire de la lumière. L'ouïe est donc l'organe sensitif ou sensible au son, comme la vue à la lumière; mais nous observerons que la portée de celle-ci est bien plus grande que celle de l'ouïe, puisqu'elle est immense relativement à celle des autres sens. Remarquez encore que c'est à la susceptibilité des organes des sens et des houppes nerveuses de la face, comme nous l'avons déjà dit, que sont proportionnées la portée et la ténuité des corps (*moteurs*) qui sont la cause des sensations et des impressions reçues. On doit donc aussi reconnaître entre les divers sens une grande différence d'influence dans les effets des centres des trois systèmes nerveux.

Ainsi, il ne sera pas ici question des opérations ou actions qui répondent à nos besoins, telles que celles de la faim, la soif, qui constituent un sentiment qui nous donne l'appétit des aliments et des besoins; non plus du sentiment que fait naître la présence des matières réservées et qui doivent être évacuées par les voies intestinales, urinaires, etc., et, en général, toutes celles qui doivent être rejetées par les opérations volontaires ou involontaires, etc.; donc, toutes ces sensations sont sous l'influence du système nerveux de la vie organique (Voir 1re partie, page 123). Ne pas oublier surtout, que les trois systèmes nerveux de la vie organique, animale et sensitive, s'influencent sympathiquement et réciproquement.

C'est sur ce même ordre de combinaison que ces trois systèmes nerveux ont ensemble, qu'on doit placer les sympathies et les antipathies, sentiments inexplicables par les systèmes des écoles modernes, autant que par les anciens préjugés sur le siége de l'âme dans un centre unique de l'organisation de l'homme (*cerveau*), ainsi que du siége de Dieu dans un centre unique de l'univers!

Quel que soit l'organe sur lequel sont faites la sensation et l'impression, une fiction, un rêve, une forte préoccupation imaginaire autant que réelle, faisant tressaillir de bonheur et d'effroi, couler des larmes d'attendrissement ou de bonheur, toutes ces sensations et impressions profondément senties, ne le sont que par les nerfs de la vie de relation ou sensitive, et transmises par ceux-ci sympathiquement aux centres nerveux de la vie animale et organique.

Le sentiment du vrai et du beau, la recherche pour l'amour que nous lui portons avec les connaissances que nous donne le goût de ce qui en porte les caractères, ne sont-ils pas le sentiment du tact, du goût, du coup d'œil, etc., et n'est-ce pas le résultat de cet admirable appareil nerveux, harmonique ou sensitif, placé au rang de nos sensations les plus précieuses?

Enfin, que des émotions troublent notre intelligence, que de fortes passions s'allument, les pulsations dans notre cœur augmentent ainsi que la respiration dans nos poumons, et il survient des troubles dans les fonctions digestives et autres organes de l'économie. D'où naissent-elles ces émotions? Ne sont-ce pas les nerfs sensitifs mis en contact avec les divers agents de la nature qui les ont produites? Et quand le sommeil vient les suspendre ou qu'elles sont atténuées par la distraction d'une autre impression ou appelées par notre intelligence, ou, ce qui revient au même, quand une affection plus puissante vient effacer l'impression des premières et les couvrir d'un heureux oubli, n'est-ce pas la sensibilité qui donne l'expression à la physionomie humaine, les dispositions d'une intelligence toujours ouverte aux émotions qui font le charme ou le tourment de la vie?

Des sensations.

Tout être vivant est sensible, la vie est donc l'effet des sensations.

Pour que les sensations aient lieu, il suffit qu'un excitant, un agent ou moteur, agisse sur un ou plusieurs organes plus ou moins sympathiques, que ceux-ci transmettent l'action reçue, l'élaborent, l'accomplissent en réagissant sur les parties du corps les plus sensitives.

Cette analyse des éléments physiologiques des sensations, ne pouvait être définie par les systèmes hypothétiques des auteurs les plus célèbres qui cherchaient un centre unique (*cerveau*), et nous croyons utile d'en donner des exemples, soit pour faire observer le peu de concordance qu'ils avaient à cet égard, soit surtout pour justifier nos assertions.

Nous aurions bien voulu développer : 1° Le rôle que jouent les organes des sens dans l'exercice de leurs fonctions sensitives ; 2° Les différences que présentent les sensations composées entre elles; 3° Démontrer jusqu'à quel point elles sont soumises à l'influence des individus et à l'empire des circonstances; mais cette tâche nous entraînerait trop loin, et nous nous contenterons de l'exercice des fonctions sensitives, ainsi que des impressions, de la mémoire, du jugement, de l'harmonie, du raisonnement, etc., etc. Enfin, nous terminerons par la psychologie. (Voir le volume.)

Exercice des fonctions sensitives.

Examinons d'abord les divers agents ou moteurs qui doivent exercer l'action.

Il est effectivement démontré que ce n'est que parce que la matière affecte nos organes sensitifs de différentes façons, que nous reconnaissons des corps d'espèces différentes. Il est évidemment clair que ces différences tiennent à leur nature, à leur essence; mais il est également certain qu'elles dépendent encore de notre organisation. Car, avec des appareils sensitifs autres que ceux dont nous sommes doués, et plus ou moins en harmonie ensemble, nos impressions ne seraient plus les mêmes, et alors les objets ne seraient plus pour nous ce qu'ils sont.

Ainsi tous les jours on entend dire, on répète que chacun a sa manière de voir, de sentir et d'entendre, qu'on ne voit pas avec les mêmes yeux, et même qu'on ne voit pas la veille comme le lendemain.

Mais voudra-t-on admettre que c'est de notre imperfection ou de la discordance des houppes nerveuses sensitives, que naît la cause de tant de discussions et d'opinions différentes, de tant de systèmes hypothétiques que l'homme se crée à volonté, enfante des chimères les plus outrées et en est le jouet? Dites, lecteurs, est-ce bien là l'expression proverbiale que nous venons de présenter ? Comme il n'est aucun de nos tissus qui ne soit plus ou moins susceptible d'être impressionné par ces divers excitants, il importe, avant tout, de signaler les différences qu'ils présentent à cet égard. Les uns de ces tissus, richement pourvus de nerfs de la vie-de relation ou sensitifs, sont ébranlés avec autant de facilité que de véhémence par les agents les plus subtils; les autres, ne recevant que des ramuscules nerveuses aussi rares que peu déliées, ne subissent de modifications appréciables que lorsqu'un stimulus puissant les a vivement agités. Il y en a enfin qui, presque privés de filets nerveux, ne communiquent l'excitation qu'ils éprouvent qu'au moyen des parties contiguës dans lesquelles il existe un plus grand nombre de nerfs sensitifs et dont ils ne partagent d'ailleurs le mode de vitalité et d'organisme que par les relations de voisinage, l'analogie de texture ou la communauté de fonctions.

C'est ici le lieu de faire observer qu'en général, le degré de sensibilité correspond toujours et exactement à la quantité de nerfs de la vie sensitive; par conséquent, les mains et la figure humaine étant le plus pourvues de nerfs, et ceux-ci étant infiniment plus déliés que sur les autres points de l'économie, ils sont aussi plus sensitifs; et si les viscères, tel que le cœur, les poumons, l'appareil digestif, etc., ne sont en apparence que peu sensibles quoique abondamment fournis de branches nerveuses, c'est parce que ces organes reçoivent leurs nerfs, presque tous, du système nerveux de la vie organique (*grand sympathique*), et si dans la substance médullaire (*encéphale, cerveau*) on ne peut en découvrir aucun, il n'est pas de raison qui puisse nous les faire nier, ils existent, les nerfs du cerveau qui sont propres à ses fonctions secrétrices, se confondent, tant ils sont déliés, avec cet amas de faisseaux et aussi mou qu'eux.

Cette particularité est une nouvelle preuve de la nécessité de bien distinguer les sensations, les impressions venant du système de la vie de relation ou sensitive, de celui de la vie organique et animale; car, en examinant les faits avec attention, on voit, en effet, que les viscères recevant beaucoup de nerfs de la vie organique, moins de la vie animale, peu, très peu de la vie de relation, leurs sensations, il le fallait ainsi, sont faibles comparativement à celles des sens et de locomotion. Mais, en revanche, ils sont le foyer d'impressions aux fonctions intérieures aussi fortes que multiples, et s'ils eussent eu la même force d'action, la vie de l'homme se serait éteinte à la première impression. Aussi remarquons-nous qu'une sensation perçue par nos organes des sens, s'irradie par anastomose sympathique aux nerfs sensitifs qui se distribuent aux viscères, leur donnent l'impulsion locomotrice, comme on peut l'observer dans les moindres sensations et impressions. On voit les poumons augmenter ou suspendre la respiration; le cœur, les artères, les veines, leurs pulsations; divers troubles peuvent être produits dans les fonctions digestives; le cerveau, de même, peut augmenter ou diminuer ses sécrétions et être frappé de congestion, etc.; la matrice, contractée, donner lieu à l'accouchement prématuré, supprimer les règles chez les jeunes filles, enfin, occasionner de grands désordres à toute l'économie par les plus simples impressions perçues par nos sens; et avouons qu'il a été sage à la nature de nous donner des systèmes nerveux ayant des fonctions différentes à remplir pour la conservation de notre espèce, et qu'il me soit permis de dire ici que là où des nerfs nombreux aboutissent, il y a ou des *sensations* très vives ou des *impressions* très influentes, ou des fonctions importantes animales ou organiques à remplir, et qu'en général l'action énergique des systèmes nerveux de l'un se fait aux dépens de l'autre ; d'où il suit que, pour apprécier la sensibilité proprement dite, il faut la considérer dans son appareil, mais d'autant plus sentie qu'elle s'approche des houppes nerveuses de la face, et d'autant plus grande que les névrilèmes seront déliés au point que la sensibilité fera naître la susceptibilité.

Observez, lecteurs ou anatomistes, les dispositions des nerfs; la texture des pulpes nerveuses bien dépouillées s'arrondir en houppes délicates, donnant les traits de la physionomie parlante de l'homme, ou s'étendant en membranes légères vers les susceptibles sensations, tandis que du côté opposé, ces papilles deviennent de plus en plus grosses et obtuses à mesure que les pupilles nerveuses se condensent, s'enveloppent de plus en plus dans les divers organes, formant des troncs nerveux, et jusqu'aux ganglions.

En vérité, ne pourrait-on pas comparer l'appareil nerveux à un alambic garni de serpentins, qui distille l'esprit comme la plante distille le fruit et les fleurs à l'extrémité de ses branches? L'esprit est donc le résultat des sensations et des impressions faites sur les houppes nerveuses par les divers agents de la nature, sympathiquement élaboré dans le plus ou moins d'harmonie des appareils sensitifs et de la conséquence qui en fait naître un jugement parfait.

Il me resterait bien des choses à dire dans cet exposé des sensations, mais je craindrais d'aller trop loin, ce qui pourrait peut-être me brouiller avec mon lecteur ; du reste, si j'ai quelque chose de plus à développer, je le laisserai pour la critique que je me propose de faire, à la fin de l'ouvrage, sur la psycologie des anciens et des modernes.

Pour conclure, que je dise encore un mot des hypothèses susceptibles d'objections insolubles, qui n'ont rien appris, jamais rien démontré sur les transmissions sensitives, confiant cette mission à l'encéphale (*cerveau*), le prenant pour centre des facultés intellectuelles. En voulez-vous la preuve? Demandez à ces gens à grande réputation de toutes les écoles, où est l'endroit précis de la masse cérébrale où les impressions sont transformées en sensations? Et si l'on prétend y trouver le point indivisible où les perceptions s'accomplissent par tant d'actes à la fois aussi multipliés, criez à l'imposteur, et soyez assuré d'avance qu'un tel but est illusoire, et que, pour l'atteindre, tous les efforts seront vains. On n'explique que le vrai ; le faux reste toujours dans l'ombre, ne brille jamais à l'éclat du soleil !

Observations.

1° Lorsque les sensations sont superficielles, fugitives, légères, qu'elles éveillent à peine l'attention, c'est ce qui arrive le plus communément et ce qu'on appelle inattention, il ne s'ensuit aucun effet remarquable, la sensation n'ayant pas été assez active pour déterminer l'impression, encore moins l'attention, la mémoire, le raisonnement, le jugement, etc.

2° Supposons un trop grand nombre de sensations produites toutes à la fois ; c'est le liquide versé dans le goulot étroit, sauf le cas d'une sensation plus forte qui attire alors l'attention, etc.

3° Si, au contraire, une sensation très intense se concentre sur un sens quelconque, s'impressionne et devient le siége de la mémoire, non-seulement celui-ci l'élaborera, mais laissera les centres nerveux sensitifs juges de l'action ; l'effort de la puissance nerveuse, c'est-à-dire tout l'appareil nerveux de relation ou sensitif y portera l'attention, et en s'harmonisant avec l'idée alors conçue, formera un jugement plus ou moins bien senti et défini.

Or, il est très clair qu'on ne regarde que pour mieux voir, qu'on n'écoute que pour mieux entendre, etc ; mais, c'est dans cet enchaînement nécessaire que s'élaborent évidemment nos idées, et sans cette grande sympathie et harmonie nerveuse, il nous serait impossible de voir, d'entendre et de définir tant d'objets à la fois.

Le prototype de notre organisation intellectuelle ne saurait donc être composé que des sens tactiles et distillateurs des idées, s'il m'est permis de m'exprimer ainsi, et non les éléments régénérateurs qui ne sont confiés qu'aux grandes fonctions viscérales en général. Ainsi le tact proprement dit est applicable à tous les sens, s'ils ne se mettent en présence d'un moteur réel, c'est-à-dire s'il est possible sans objets autres que ceux élaborés et sans effets extérieurs, de créer une idée; dans ce cas seul, le tact agira ; mais le tact devient le toucher, si la main, les doigts s'exercent sur un corps réel extérieur. Or, avant le toucher, cet appareil n'exerçait que le tact. De même, le goût, l'odorat, l'ouïe, la vue, etc., exercent la même action constante du tact ou du toucher. Quand un ou plusieurs sens s'exercent, ils deviennent alors plus ou moins mixtes par leurs actions sympathiques et harmoniques, et selon que les moteurs sont plus ou moins excitants et subtils sur les organes des sens, plus ou moins délicats, plus ou moins influents, etc., etc.

Il existe des relations physico-sensitives, très développées entre les *saveurs* et la bouche, les *odeurs* et les fosses nasales, les *sons* et les oreilles, la *lumière* et l'œil, etc. ; toutes ces fonctions déterminées et aussi excitées par la pensée à faire croire à la réalité, appartiennent au tact et sont le résultat d'une action exclusivement intime que les sens ont ensemble par les anastomoses nerveuses sensitives, et qu'on peut regarder comme ayant été créés les uns pour les autres.

Mais s'ils sont mis en contact avec les agents ou moteurs sus-énoncés, alors ils exercent le toucher en réalité et veillent plus ou moins, selon qu'ils sont appelés à l'exercice de leurs fonctions.

Tous les organes des sens ont des nerfs renfermés dans la même gaîne, une foule de filets qui ont des éléments différents et dont l'homme est le plus doué des espèces animales, mais deux éléments surtout bien distincts : l'un est le sentiment général des sensations de plaisir ou de douleur et de l'impression spéciale des qualités caractéristiques de l'agent ou moteur qui les occasionne (*nerfs sensitifs*) ; l'autre est l'élément animal proprement dit, de sorte que le goût, l'odorat, la vue, etc., nous font connaître non-seulement telle saveur ou telle odeur, telle couleur, etc. ; mais ils y joignent encore l'agréable et l'utile. L'une de ces actions sensitive ou animale domine aux dépens de l'autre, et c'est la différence bien tranchée qui existe, contre l'idée plaisante de Boileau, entre l'homme et l'animal.

Mais il est des cas pathologiques où ces éléments manquent ou que l'un deux prédomine au point d'absorber l'autre, et c'est là ce qui permet de concevoir des sensations indifférentes à ce qui excitait le plus les organes. Ainsi le goût peut être modifié à ne point définir les aliments et à en avoir une grande aversion, ou à nous les faire paraître agréables et sentir le besoin de la faim. On peut en dire autant de l'odorat, qui éloigne les odeurs qui paraissent les plus agréables, de l'œil, qui s'éloigne du grand jour, ou dédaigne les objets qui lui plaisent ou lui ont fait le plus grand plaisir en d'autres moments.

Ceci nous explique comment les espèces qui nous sont inférieures trouvent instinctivement à satisfaire leur besoin naturel de conservation, avec des sensations très développées pour leurs besoins matériels, mais avec des goûts plus dépravés, comparativement à l'homme qui excelle pour le tact des sensations, des impressions, etc., qui le portent à l'extase et le rapprochent plus sympathiquement de la divinité !

Paris.— Imp. H. S. Dautreville et Ce, rue Neuve-des-Bons-Enfants, 3.

BIBLIOTHEQUE NATIONALE DE FRANCE
3 7531 03287897 8

www.ingramcontent.com/pod-product-compliance
Ingram Content Group UK Ltd.
Pitfield, Milton Keynes, MK11 3LW, UK
UKHW020230200726
13856UKWH00004B/1687